KB209709

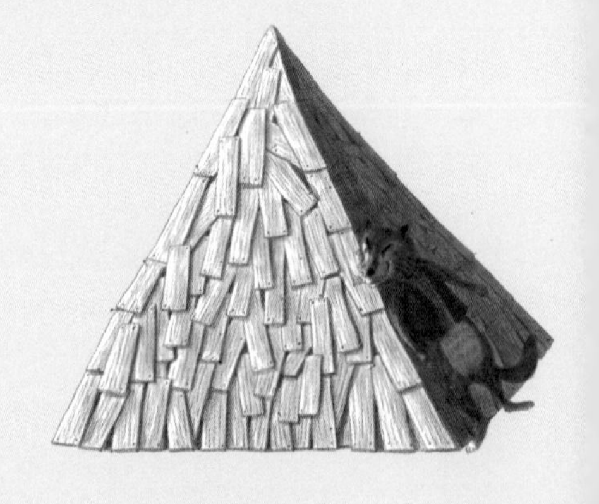

늑대가 들려주는
아기 돼지 삼형제

0학년 수학동화
늑대가 들려주는 아기 돼지 삼형제

2판 1쇄 발행 2025년 1월 20일

글쓴이 김선희
그린이 백선웅
수학놀이 한지연
펴낸이 이경민

펴낸곳 ㈜동아엠앤비
출판등록 2014년 3월 28일(제25100-2014-000025호)
주소 (03972) 서울특별시 마포구 월드컵북로22길 21, 2층
전화 (편집) 02-392-6901 (마케팅) 02-392-6900
팩스 02-392-6902
전자우편 damnb0401@naver.com
SNS

ISBN 979-11-6363-936-7 (74410)
979-11-6363-728-8 (세트)

※ 책 가격은 뒤표지에 있습니다.
※ 잘못된 책은 구입한 곳에서 바꿔 드립니다.

뭉치 MoongChi Books 도서출판 뭉치는 ㈜동아엠앤비의 어린이 출판 브랜드로, 아이들의 지식을 단단하게 만들어주고, 아이들의 창의력과 사고력을 키워주어 우리 자녀들이 융합형 창의 사고뭉치로 성장할 수 있도록 좋은 책을 만들겠습니다.

0학년 수학동화
여러 가지 도형

늑대가 들려주는 아기 돼지 삼형제

글 김선희 · 그림 백선웅
수학놀이 한지연

뭉치
MoongChi Books

어느 숲속에 늙은 늑대가 살고 있었어.
몸은 종이처럼 납작하고,
한 손에는 판자가 붙어 있고,
꼬리가 검게 탄 불쌍한 늑대였지.
어린 늑대들이 늙은 늑대 주위로 몰려들었어.
"옛날이야기 해 주세요."
늙은 늑대는 한숨을 푹 쉬고 나서 말했어.
"너희들, 세상에서 가장 슬픈 얘기 들어볼래?"
"네!"
어린 늑대들이 환호성을 질렀어.
늙은 늑대는 슬픈 얼굴로 이야기를 시작했어.

옛날에 아주 용감하고 씩씩한 늑대가 살고 있었어.

늑대 이름은 수리. 가장 뛰어난 늑대에게 주는 이름이었지.

이웃 마을에는 토실토실 살찐 아기 돼지 삼형제가 살고 있었어.
첫째 돼지는 모험을 좋아하고 둘째 돼지는 놀기를 좋아하고
셋째 돼지는 책 읽기를 좋아했어.

수리는 호시탐탐 아기 돼지 삼형제를 노렸어.

'흐흐. 돼지 삼형제를 몽땅 잡아먹어 버릴 테다.'

아기 돼지 삼형제는 엄마 돼지랑 살고 있었어.

엄마 돼지는 몸이 어마어마하게 크고

힘도 무지막지하게 세서

수리는 아기 돼지들에게 가까이 갈 수 없었단다.

어느 날 엄마 돼지가 아기 돼지들을 불러 놓고 말했어.
“이제 너희도 다 컸으니 나가서 집을 짓고 살도록 해라.”
수리는 속으로 환호성을 질렀지.
‘야호. 이제 마음 놓고 돼지 삼형제를 잡아먹을 수 있겠군.’
“우선 집을 짓고 살 곳에 점을 찍고 오렴.”
엄마 돼지의 말에 아기 돼지 삼형제는 뿔뿔이 흩어졌어.

첫째 돼지는 언덕 쪽으로 달려갔어.
둘째 돼지는 넓은 초원 쪽으로 달려갔지.
셋째 돼지는 커다란 나무 밑으로 달려갔단다.

첫째 돼지는 언덕 위에 점을 찍었어.
둘째 돼지는 드넓은 초원에 점을 찍었지.
셋째 돼지는 커다란 나무 밑에 점을 찍었단다.
아기 돼지 삼형제는 점을 다 찍고 나서 엄마 돼지에게 달려가 말했어.
"엄마, 집 지을 곳을 정했어요."
그러자 엄마 돼지가 말했어.
"그럼 이제는 어떤 집을 지을지 그려 오렴."

모양이나 형태를 도형이라고 하는데
점도 도형이야. 점은 위치만을 나타낼
뿐 크기도 길이도 없어.

첫째 돼지는 단숨에 동그라미를 그렸어.
선 하나가 동그라미가 되었네.
둘째 돼지는 세 개의 선으로 세모를 그렸어.
세 개의 선이 모여 세모가 되었네.
셋째 돼지는 네 개의 선으로 네모를 그렸어.
네 개의 선이 모여 네모가 되었네.
점이랑 점을 이으면 선이 돼. 선은 두께가 없고
길이만 있어. 선에는 똑바른 직선과 구부러진
곡선이 있어.

첫째 돼지가 말했어.

“전 지푸라기로 동그란 집을 지을 거예요.”

둘째 돼지가 말했어.

“전 나무로 세모 집을 지을 거예요.”

셋째 돼지가 말했어.

“전 벽돌로 네모 집을 지을 거예요.”

엄마 돼지가 말했어.

“집을 다 지으면 엄마를 초대하렴.”

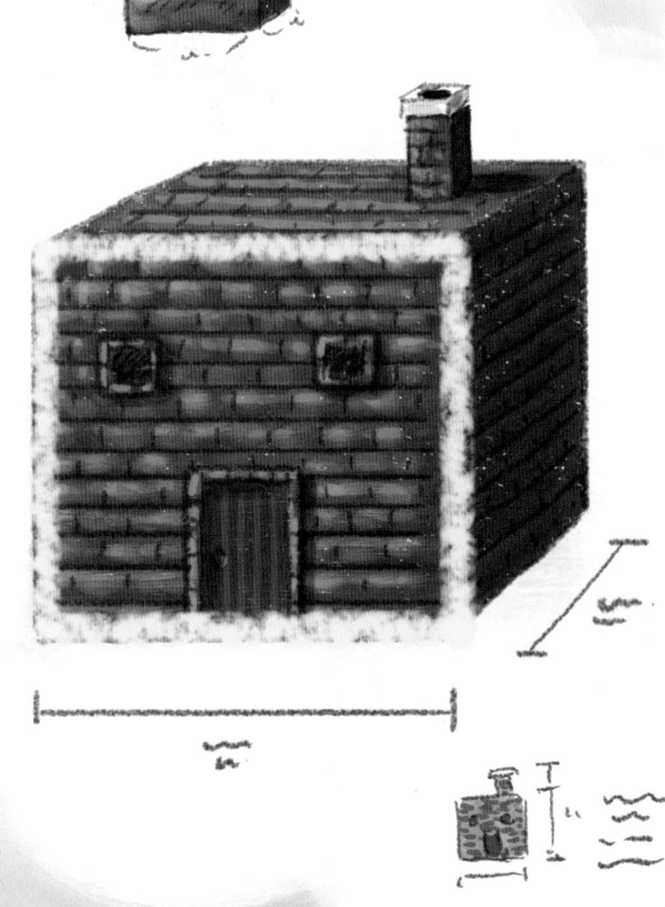

선과 선이 만나면 면을 이루어.
면은 길이와 폭이 있고 넓이를 가지지.
책처럼 평평한 면을 평면, 공처럼 굽은
면을 곡면이라고 해.

아기 돼지 삼형제가 집을 짓기 시작했어.
첫째 돼지는 지푸라기를 모아 대충대충 집을 지었어.
공 같기도 하고 바퀴 같기도 한 동그란 집이야.

창문도 동그라미. 문도 동그라미.

수리는 좋아했어.

'흐흐. 불기만 해도 데굴데굴 잘 굴러가겠네.'

둘째 돼지는 나무판자를 모아 얼기설기 세모 집을 지었어.

고깔모자 같기도 하고 산 같기도 한 세모 집이야.

창문도 세모, 문도 세모.

수리는 비웃었어.

'흐흐, 손으로 넘어트려 버릴 테다.'

3개의 선으로 둘러싸인 도형을 세모, 또는 삼각형이라고 해. 샌드위치, 삼각 김밥은 세모 모양을 하고 있지.

셋째 돼지는 네모난 벽돌을 한 장 한 장 쌓아서 네모 집을 짓고 있었어.

책 같기도 하고 도화지 같기도 한 네모 집이야.

창문도 네모. 문도 네모.

수리는 결심했어.

'흐흐. 지붕에 있는 굴뚝으로 들어갈 테다.'

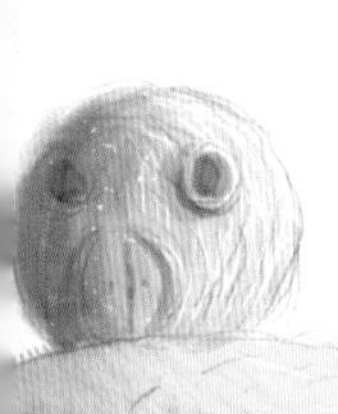

4개의 선분으로 둘러싸인 도형을 네모, 사각형이라고 해. 네모 모양은 책, 방문, 텔레비전까지 우리 주변에 아주 많아.

첫째 돼지와 둘째 돼지는 집을 다 짓고 엄마 돼지를 초대했어.

엄마 돼지는 아기 돼지 삼형제에게 줄 선물을 준비했지.

첫째 돼지에게는 동그란 사과,

둘째 돼지에게는 세모난 조각케이크,

셋째 돼지에게는 네모난 과자.

엄마 돼지가 첫째 돼지네 집에 도착했어.
동그란 집을 본 엄마 돼지가 걱정스러운 얼굴로 물었지.
"지푸라기로 지어서 약하지 않겠니?"
첫째 돼지가 자신만만하게 대답했어.
"동그라미는 어디든 잘 굴러가니까 걱정 없어요."
수리는 동그란 창문 밖에서 엿듣고 있었어.
'흥. 잘 굴러간다고? 두고 보자.'

뾰족하거나 평평한 부분 없이 공처럼 둥글게 생긴 입체도형을 공 모양이라고 해. 공 모양은 어느 쪽으로 굴려도 잘 굴러가지.

엄마 돼지가 둘째 돼지네 집으로 갔어.

세모 집을 본 엄마 돼지가 걱정스러운 얼굴로 물었어.

“나무로 지어서 약하지 않겠니?”

둘째가 자신만만하게 대답했지.

“세모는 중심을 잘 잡으니 걱정 없어요.”

수리는 세모 집 모서리에 숨어서 엿들었지.

‘흥. 중심을 잘 잡는다고? 두고 보자.’

입체도형에서 면과 면이 만나는
부분을 모서리라고 해.

셋째 돼지는 아직도 집을 짓고 있었어.
엄마 돼지가 걱정스러운 얼굴로 물었어.
"집은 언제 다 지을 거니?"
셋째 돼지는 벽돌을 쌓으며 대답했어.
"오래 걸려도 튼튼한 집을 지어야죠."
수리는 나뭇가지에 누워 느긋하게 기다렸어.

평평한 6개의 면으로 둘러싸인 입체도형을
상자 모양이라고 해. 주사위나 네모난 과자
상자처럼 생긴 도형 말이야.

수리는 배가 고팠어.
그래서 첫째 돼지네 동그란 집으로 갔지.
지푸라기로 지은 집쯤은 문제없었어.
수리는 배가 빵빵하게 숨을 들이쉬고는
있는 힘껏 입김을 불었어.
후우.
앗, 갑자기 동그란 집이 떼굴떼굴 굴러오는 거야.
"아이고 늑대 살려."
수리는 그만 언덕에서 굴러온 동그란 집에 깔리고 말았어.
언덕 위에서 첫째 돼지의 웃는 소리가 들렸지.
"하하하. 우리 집에는 얼씬도 하지 마. 이 나쁜 늑대야."

수리는 납작해진 몸으로 둘째 돼지네 세모 집으로 갔어.
입김을 후 불어도 세모 집은 꿈쩍도 하지 않았어.
좋아, 그렇다면 힘으로 넘어트려야지.

수리는 두 손으로 나무벽을 힘껏 밀었어.
앗, 그런데 손이 나무벽에 딱 달라붙었지 뭐야.
둘째 돼지가 배꼽을 쥐고 웃었어.
"하하하. 그럴 줄 알고 벽에 접착제를 발라 놨지."
수리는 손에 나무판자를 붙인 채 도망쳤어.
"아이고, 내 손."

수리는 마지막으로 셋째 돼지네 집으로 갔어.
집 지붕에는 네모 모양의 굴뚝이 뚫려 있었지.
수리는 나무로 올라갔어.
'이번에는 절대 실패하지 않을 테다.'
수리는 나무에서 가볍게 몸을 날려 굴뚝으로 뛰어내렸어.
앗, 그런데 난로에 시뻘건 장작이 타고 있지 뭐야.
수리 꼬리에 불이 붙고 말았어.
"아이고, 늑대 꼬리 살려."
수리는 꼬리에 불이 붙은 채 도망쳤어.

오지 마!
오지 마!

첫째 돼지가 동그란 집에서 소리쳤어.
"다시는 우리 집에 오지 마."
둘째 돼지가 세모 집에서 소리쳤어.
"다시는 우리 집에도 오지 마."
셋째 돼지가 네모 집에서 소리쳤어.
"다시는 우리 동네에 오지 마."

늙은 늑대 이야기가 끝나자 한 어린 늑대가 물었어.
"혹시 할아버지 이름이 수리예요?"
늙은 늑대는 슬픈 미소만 지을 뿐 아무 대답도 하지 않았지.
그때 어디선가 꼬르륵 소리가 들렸어.
늙은 늑대가 어린 늑대들을 둘러보며 말했어.
"얘들아, 먹을 것 좀 있니?"

어린 늑대가 동그란 사탕을 내밀었어.

늙은 늑대가 소리쳤어.

"난 동그라미가 싫어."

다른 어린 늑대가 세모난 삼각 김밥을 내밀었어.

늙은 늑대가 소리쳤지.

"으악, 난 세모가 싫어."

또 다른 어린 늑대가 네모난 샌드위치를 내밀었어.

"으아아악. 난 네모가 싫어."

늙은 늑대는 비명을 지르며 도망쳤어.
그 뒤 숲속에서는 아무도
몸이 납작하고 손에 판자가 붙어 있고 꼬리가 검게 탄
늙은 늑대를 보지 못했단다.

아이와 함께하는

엄마표 수학놀이

동그라미, 세모, 네모야 노올자!

놀이의 목표 | 동그라미, 네모, 세모의 특징을 알고 모양 친구들과 친숙해지기

준비물 | 종이, 색연필, 자, 동그라미를 대고 그릴 수 있는 병뚜껑, 작은 접시 등

"엄마, 나 동그라미 잘 그릴 수 있어요. 자 보세요. 이렇게 그리고 여기에 다리를 그려서 사람으로 꾸며 줄 거예요."

"진짜 동그라미랑 비슷하게 그렸다. 동그라미를 꾸며 준다는 생각도 멋지고. 그런데 이건 동그라미가 아닌걸. 비슷하지만 아니야."

"그럼 동그라미는 어떤 건데요?"

"동그라미는 원이라고도 하는데 이렇게 중간점에서 같은 길이로 동그랗게 선을 연결해야 해. 그래서 동그라미는 그리기가 어려워. 엄마가 병뚜껑이랑 작은 접시를 가지고 왔거든. 이걸 대고 그리면 동그라미를 좀 쉽게 그릴 수 있어."

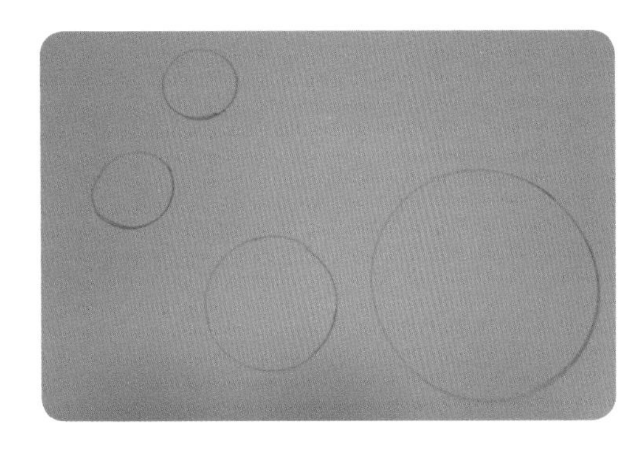

"엄마, 진짜 아까 내가 그린 것보다 훨씬 동그라미처럼 보여요. 이 동그라미들로 무엇을 꾸며 줄까요? 사람도 그리고 사탕이랑 풍선도 그리고 또, 또……."

"태현이가 동그라미로 그리고 싶은 것들이 많구나. 그래 하나씩 차근차근 해 보렴."

"엄마, 사람이랑 꽃이랑 수박을 동그라미로 그려 줬어요. 이번엔 자동차를 그리고 싶은데 자동차 바퀴를 어떻게 그려야 할까요? 동그란 바퀴 안에 무늬가 생각이 안 나요."

"태현이가 좋아하는 자동차 휠을 그리고 싶은 거구나. 잘 생각해 봐."

"이제 생각이 났어요. 이렇게 하면 될 것 같아요. 엄마, 커다란 동그라미로는 뚱뚱보를 그려 줄 거예요. 어때요? 배가 빵하고 터질 것 같죠? 풍선 사람 같기도 해요."

"진짜 빵하고 터질 것 같은데. 이 사람은 앉기도 눕기도 힘들겠다. 그렇지?"

"엄마, 저 동그라미가 더 필요한데 어떤 걸 대고 그릴까요? 아 저기 있다. 엄마 저 통 바닥도 동그라미예요. 가지고 와서 대고 그릴게요."

"응. 그거 좋은 생각이다. 대고 둘레를 선으로 이어서 동그라미를 만들어 봐."

"아주 멋진 동그라미들이 되고 있어요. 엄마, 어때요? 제가 만든 동그라미 작품들. 멋지죠?"

"응, 아주 멋진걸. 태현이의 동그라미 친구들이 있는 동그라미 마을에 오신 걸 환영합니다. 하는 것 같아."

"엄마, 네모도 그릴까요?"

"네모는 점 네 개를 선으로 이어서 만드는 거야. 태현이랑 엄마랑 이렇게 점을 찍은 후에 가위바위보를 해서 사각형 많이 만들기 시합할까?"

"좋아요. 그런데 엄마, 제가 네모를 잘 못 그리거든요. 그러니까 일단 네모 만드는 연습 좀 할게요. 점을 이렇게 자를 대고 이어서 만든다는 거죠?"

"응. 일단 두 점을 이렇게 자를 대고 반듯하게 잇고, 또 이렇게 잇고 하면 네모가 되었지?"

"엄마, 이제 자신 있어요. 자, 가위바위보 해요. 이긴 사람이 네모 먼저 그리기예요. 엄마, 네모가 많이 그려졌으니까 여기에다가 또 재미있는 그림 그릴래요."

"그래, 동그라미처럼 멋진 그림 기대할게."

"엄마, 형 방에 가니까 세모 모양의 자가 있는데 이거 대고 그리면 세모가 되는 거죠?"

"응, 세모자를 잘 찾았네. 세모는 뾰족뾰족 모서리가 세 개라서 세모야."

"그럼 모서리가 네 개면 네모겠네요."

"그렇지. 그렇게 붙여진 이름이야. 태현이는 세모를 그려서 무얼 할 거야?"

"음. 이렇게 세모를 세 개 이어서 거대 거미를 만들어 볼까 생각 중이에요."

"세모로 거대 거미를 만든다고? 정말 엄마는 상상도 못 한 생각인걸.
태현아, 오늘도 동그라미, 세모, 네모 친구들과 즐겁게 놀았지?"

"예, 엄마. 이렇게 동그라미, 세모, 네모를 가지고 만들기 하는 시간이 제일 좋아요."

동그라미, 세모, 네모의 특징을 이야기하면서 자유롭게 모양으로 만들기 놀이를 해주세요. 그러면 대칭도 자연스럽게 알아가고, 동그라미, 세모, 네모의 특징과 모양에 따른 다른 점도 정확히 알 수 있어요.

작가 소개

글쓴이 **김선희**

서울예술대학 문예창작학과를 졸업했고, 어린이 책을 기획하고 집필하는 일을 하고 있어요. 장편 동화 『흐린 후 차차 갬』으로 2001년 제7회 황금 도깨비상을 수상했어요. 쓴 책으로는 『더 빨강』, 『열여덟 소울』, 『공자 아저씨네 빵가게』, 『화학탐정, 사라진 수재를 찾아라』, 『수학 유령 베이커리』 등 다수가 있어요.

그린이 **백선웅**

편집디자이너와 북디자이너로 활동하다가 어린이 책에 흥미를 느껴 꼭두일러스트교육원에서 동화 일러스트를 공부했어요. 이야기를 읽고 구상하여 그림으로 그리는 일이 가장 행복하답니다. 그린 책으로 『파스칼은 통계 정리로 나쁜 왕을 혼내줬어』, 『보일까, 안보일까』, 『미래 에너지를 왜 써야 할까요?』, 『손 마술사의 멋진 공예 쇼』 등이 있어요.

수학놀이 **한지연**

대학에서 국어국문학을 공부하고 논술 강사로 일했어요. 네이버 카페 '소문난 엄마들의 홈스쿨 코칭 가이드(소문난 엄마샘)'를 운영했으며, 다양한 엄마표 놀이법을 소개하고 있답니다. 홈스쿨 가이드북 『우리아이 입학전 수학 첫 공부』, 『우리아이 입학전 국어 첫 공부』를 썼어요. 과학동아북스 1·2학년 수학동화 시리즈에 엄마표 놀이를 썼어요.